C388 Ceccom, Francisco Carlos

As Sombras da Imortalidade: Uma História Humana do Câncer

Independently published, 1. ed. - Ouro Fino, Edição Independente, 2024.

58p.; 15x21cm.

Inclui Bibliografia.

ISBN: - 978 - 65 - 00 - 98476 - 7

1. Capítulo 1, 2. Capítulo 2, 3. Capítulo 3..
I. Título.

CDD 610

***

Este livro foi elaborado por Francisco Carlos Ceccon.
Revisão: -
Diagramação: Paulo Henrique Shadow
Capa: Francisco Carlos Ceccon
Gráfica: Printtore/Porto Alegre-RS (51) 98138-1117
Editora: Resolução Digital/Ouro Fino-MG (35) 99907-9946

As Sombras da Imortalidade: Uma História Humana do Câncer

Prefácio

À medida que adentramos nas páginas deste livro, embarcamos em uma jornada através do tempo, desvendando a história de uma das mais complexas e desafiadoras condições humanas: o câncer. Este não é apenas um relato médico; é uma narrativa sobre resiliência humana, avanços científicos e a incessante busca pela compreensão e cura.

Desde as primeiras descrições feitas pelos antigos egípcios até os mais recentes avanços em terapias genéticas e imunológicas, a história do câncer é tão antiga quanto a própria civilização. Este livro visa fornecer uma visão abrangente e detalhada de como a percepção do câncer evoluiu ao longo dos séculos, desde uma doença praticamente incompreendida e muitas vezes vista como uma sentença de morte, até um conjunto de doenças que, hoje, em muitos casos, podem ser tratadas ou até curadas.

A jornada começa na antiguidade, explorando as primeiras menções ao câncer em papiros médicos e como filósofos e médicos da época tentavam compreender e tratar a doença com os recursos limitados disponíveis. Avançamos para a Idade Média e o Renascimento, períodos em que o câncer era frequentemente envolto em superstição, até chegar à era moderna, onde a ciência começa a desvendar os mistérios do câncer no nível celular e molecular.

Dedicamos capítulos específicos aos principais tipos de câncer – mama, pulmão, colorretal, próstata, fígado, colo do útero, leucemias, pâncreas, entre outros – detalhando suas características únicas, métodos de diagnóstico, tratamentos disponíveis e histórias de superação. Cada capítulo é uma testemunha do progresso médico e da esperança que agora brilha mais forte para muitos pacientes.

Além disso, este livro aborda o impacto do câncer na vida dos indivíduos e de suas famílias, examinando as mudanças psicológicas, sociais e econômicas enfrentadas por aqueles que são tocados pela doença. As histórias de superação, baseadas em entrevistas e relatos reais, são um testemunho da força e coragem humanas, servindo de inspiração e esperança para todos nós.

Por fim, olhamos para o futuro, discutindo as promissoras pesquisas e inovações tecnológicas que estão moldando a próxima fronteira no tratamento do câncer. Da terapia genética à imunoterapia, passando pela inteligência artificial na detecção precoce, este livro não apenas narra onde estivemos, mas também para onde estamos indo na luta contra o câncer.

Este livro é um convite para que qualquer pessoa interessada na história humana a explorar a saga do câncer.

É uma história de desafios e triunfos, uma história que continua a ser escrita a cada dia, com cada avanço, cada vida tocada.

Bem-vindos a uma jornada de compreensão, esperança e determinação na luta contra o câncer.

Sumário

Capítulo 1: Nas Sombras da História

1.1 O Surgimento de um Adversário Milenar

Desde os albores da humanidade, um inimigo silencioso tem caminhado ao nosso lado. Este adversário, conhecido hoje como câncer, é tão antigo quanto os ossos fossilizados que repousam nas profundezas da terra, sussurrando histórias de uma era em que a medicina moderna era apenas uma possibilidade distante.

A jornada do câncer através dos tempos começa com os vestígios mais antigos da doença, encontrados em restos mortais de civilizações há muito desaparecidas. O estudo de múmias egípcias e os ossos fossilizados de nossos ancestrais pré-históricos revelaram evidências de tumores ósseos e outras formas de neoplasias, desafiando a noção de que o câncer é uma doença exclusivamente moderna, produto de nossos ambientes poluídos e estilos de vida acelerados.

Mas como nossos ancestrais entendiam e lidavam com o câncer? Sem o conhecimento da biologia celular ou das ferramentas diagnósticas que temos hoje, as antigas civilizações interpretavam a doença através de uma lente mística e espiritual. No Papiro de Edwin Smith, um antigo texto médico egípcio datado de cerca de 1600 a.C., encontramos a primeira descrição cirúrgica de tumores, ou "massas de fogo", como eram chamadas, sugerindo uma tentativa de tratamento ou, pelo menos, uma compreensão de sua existência física.

O Papiro de Edwin Smith é um importante documento da história da medicina, originário do Egito Antigo e remontando ao ano aproximado de 1600 A.C.. Este papiro consiste em uma coleção detalhada de observações clínicas e tratamentos para diversas condições médicas, incluindo fraturas, ferimentos e problemas circulatórios. Compreende 377 fragmentos de papyrus unidos em um rolo com 5 metros de comprimento, tornando-se assim no mais longo papiro médico preservado até os dias atuais.

O autor deste trabalho permanece desconhecido, mas acredita-

-se que possa ter sido escrito por Imhotep, um famoso arquiteto, mágico e médico na corte do faraó Djoser durante o período arcaico (c. 2686–2613 A.C.). No entanto, essa teoria não pode ser comprovada devido à falta de evidências conclusivas.

A estrutura do Papiro de Edwin Smith está dividida em quatro seções principais: diagnósticos, causas, procedimentos cirúrgicos e prognósticos. Cada caso é apresentado sistematicamente, começando com sintomas externos visíveis, seguidos pela exploração interna através de palpação ou inspeção direta. Em seguida, são fornecidas opções de tratamento baseadas nas melhores práticas conhecidas na época.

Algumas das técnicas descritas neste papiro ainda são utilizadas hoje em dia, como a redução de luxação e a imobilização de fraturas usando bandagens. Além disso, ele também demonstra um profundo conhecimento anatômico, especialmente quando se trata dos órgãos internos e sistema vascular. Isso indica que os antigos egípcios tinham desenvolvido métodos avançados de exame físico e compreensão básica do corpo humano.

Ao contrário de outros textos médicos egípcios da época, que incluíam uma mistura de magia e medicina, o Papiro de Edwin Smith apresenta uma abordagem mais empírica e racional para o tratamento de feridas e doenças.

O documento é organizado em 48 casos, cada um descrevendo uma condição específica, seu exame, diagnóstico, tratamento e prognóstico. Aqui estão alguns trechos que ilustram a natureza deste antigo texto cirúrgico:

1.Exame e Diagnóstico:

•***Caso 1 (Ferida na cabeça):*** *"Se examinares um homem com uma ferida penetrante na cabeça, deverás palpar sua ferida. Se achares que penetra até o osso, deverás dizer a respeito dele: 'Um homem com uma ferida na cabeça penetrando até o osso, causando inflamação do cérebro, até que ele desenvolva febre a partir disso: um sofrimento que eu tratarei com o fogo.'"*

2.Tratamento:

•***Caso 7 (Fratura da mandíbula):*** *"Instruções sobre uma fratura na mandíbula. Deverás dizer a respeito dele: 'Um homem com uma fratura na mandíbula. Deverás fazer para ele uma ligação com linho fresco até que ele esteja curado.'"*

3.Prognóstico:

•***Caso 6 (Ferida aberta no crânio com exposição do cérebro):*** *"Se examinares um homem com uma ferida aberta na cabeça, através da qual o cérebro pulsa, e se achares que o cérebro pulsa para cima diretamente sob a ferida... Deverás dizer a respeito dele: 'Um sofrimento com o qual eu lutarei.'"*

O Papiro de Edwin Smith é notável não apenas pelo seu conteúdo, mas também pela metodologia que sugere. O processo de exame, diagnóstico, e tratamento reflete um entendimento médico notavelmente avançado para a época. Além disso, o texto apresenta uma tentativa de classificar lesões e condições médicas de acordo com sua gravidade e potencial de cura, estabelecendo um prognóstico baseado na observação empírica.

Cada caso é apresentado com uma estrutura consistente:

•***Título:*** *Descreve brevemente a condição.*

•***Exame:*** *O texto orienta o médico sobre como examinar o paciente.*

•***Diagnóstico:*** *Fornece uma avaliação da condição baseada no exame.*

•***Tratamento:*** *Oferece instruções sobre como cuidar do paciente.*

•***Prognóstico:*** *Dá uma previsão sobre o resultado da condição ou lesão.*

O papiro também inclui incisões mágicas para alguns tratamentos, mostrando uma fusão de crenças místicas com práticas médicas. No entanto, o foco principal é claramente pragmático e baseado na observação direta e tratamento de lesões físicas.

Além disso, o papiro é notável por seu uso do termo "cérebro" e reconhecimento de sintomas de dano cerebral, uma compreensão avançada para a época. Ele descreve o cérebro como sendo o centro de controle para o fluido vital que percorre o corpo, uma visão precursora dos modernos entendimentos neurológicos

Em resumo, o Papiro de Edwin Smith representa um marco fundamental no desenvolvimento da medicina antiga, revelando habilidades surpreendentes em termos de diagnóstico, tratamento e compreensão anatômica. Ele continua sendo uma valiosa fonte de informação sobre as origens da medicina moderna e serve como testemunho do sofisticado conhecimento médico existente no Egito Antigo há milhares de anos

Avançando no tempo e espaço, na Grécia Antiga, Hipócrates, o pai da medicina ocidental, cunhou o termo "karkinos" (caranguejo em grego), referindo-se a tumores com veias estendidas que lembravam as pernas de um caranguejo. Hipócrates e seus contemporâneos acreditavam que o câncer era o resultado de um desequilíbrio dos quatro humores corporais: sangue, fleuma (na medicina antiga, humor corporal supostamente causador de indolência e apatia; Muco mais espesso do que o normal devido a uma doença ou irritação, expelido do trato respiratório), bile amarela e bile negra. Essa teoria dos humores dominou o entendimento médico do câncer por mais de mil anos, influenciando tratamentos e concepções da doença através das eras.

A Idade Média trouxe consigo uma mistura de progresso e estagnação no entendimento do câncer. Enquanto a medicina árabe avançava, traduzindo e expandindo o conhecimento grego e romano, na Europa, a doença era frequentemente vista sob uma luz sobrenatural, como um sinal de desgraça ou um teste de fé.

Foi apenas no Renascimento que um renascimento no estudo do câncer começou a tomar forma. Anatomistas como Andreas Vesalius desafiaram as teorias antigas através da dissecação e observação direta do corpo humano, lançando as bases para uma compreensão mais científica da doença.

Andreas Vesalius, anatomista belga do século XVI, revolucionou a medicina com seus estudos detalhados do corpo humano. Antes dele, a compreensão médica era baseada principalmente nos textos de Galeno, um médico da Roma Antiga, cujas teorias permaneceram incontestadas por mais de mil anos. Galeno, entretanto, baseava grande parte de seu conhecimento na dissecação de animais, não de humanos, o que levou a várias imprecisões.

Andreas Vesalius, desafiando as ideias aceitas, começou a dissecar corpos humanos ele mesmo, algo que era muito controverso e, em muitos lugares, ilegal na época. Através de suas dissecações diretas, ele observou e registrou detalhes anatômicos com uma precisão sem precedentes. Suas descobertas foram compiladas na obra "De Humani Corporis Fabrica" (Sobre a Fabricação do Corpo Humano), publicada em 1543. É importante ressaltarmos que, como uma obra do século XVI, está em domínio público,

A obra é dividida em sete livros, cada um dedicado a uma parte específica do corpo humano:

***1.Ossos e Cartilagens:** Vesalius descreve a estrutura do esqueleto humano, corrigindo muitos erros de Galeno, como a afirmação de que o osso hióide é composto de vários ossos, como em cães.*

***2.Ligamentos e Músculos:** Ele detalha a musculatura, mostrando como os músculos estão conectados aos ossos e entre si, e como isso afeta o movimento.*

***3.Sistema Vascular:** Aqui, Vesalius corrige a ideia galênica de que o sangue flui dos órgãos para o coração em um fluxo contínuo, iniciando o caminho para a compreensão do sistema circulatório como fechado.*

***4.Sistema Nervoso:** Ele oferece uma detalhada descrição dos nervos, diferenciando-os dos tendões, o que era uma fonte de confusão na época.*

***5.Órgãos da Nutrição e do Crescimento:** Vesalius descreve o sistema digestivo, novamente corrigindo muitas concepções errôneas de Galeno baseadas na dissecação de animais.*

***6.Coração e Órgãos Respiratórios:** Ele apresenta uma descrição mais precisa do coração e dos pulmões, desafiando a visão de Galeno de que o sangue passa diretamente do ventrículo direito para o esquerdo do coração.*

***7.Cérebro:** Vesalius oferece uma descrição detalhada do cérebro, descrevendo suas cavidades (ventrículos) e a substância cinzenta e branca, além de iniciar uma discussão sobre suas funções.*

(https://archive.org/details/BIUSante_00302_1543/page/n31/mode/2up.)

Este trabalho não apenas corrigiu numerosos erros de Galeno, mas também estabeleceu a dissecação como método fundamental para o estudo da anatomia humana. Vesalius mostrou, por exemplo, que as veias não começam no fígado e que o coração não tem um poro que permita o fluxo de sangue entre seus compartimentos, contrariando as teorias de Galeno.

Em resumo, Vesalius desafiou as teorias médicas antigas com seu método rigoroso de dissecação e observação direta, lançando as bases para a anatomia moderna e transformando radicalmente a medicina.

Ao explorarmos o surgimento do câncer como um adversário milenar, revelamos não apenas a longa história da doença entre nós, mas também como nossa percepção e compreensão do câncer evoluíram ao longo dos séculos. O câncer, com sua presença quase constante na história humana, serve como um lembrete de nossa vulnerabilidade biológica, mas também de nossa incansável busca por conhecimento e cura.

Capítulo 2: A Ciência Entra em Cena

2.1 Da Alquimia à Biologia

Na aurora da civilização, o câncer era um enigma envolto em mistério e medo. As primeiras tentativas de compreendê-lo remontam à era dos alquimistas, que, em sua busca pela pedra filosofal e o elixir da vida, tropeçaram inadvertidamente em descrições de tumores e lesões que, hoje, reconhecemos como cancerígenas. Esses antigos praticantes, embora limitados pelo entendimento científico de sua época, lançaram as bases para a futura investigação médica, transformando a alquimia em química e, eventualmente, dando espaço para o nascimento da biologia moderna.

A transição da alquimia para a biologia foi marcada por descobertas fundamentais sobre a composição do corpo humano e os processos que governam a vida e a morte das células. No século XVII, com a invenção do microscópio, cientistas como Antonie van Leeuwenhoek começaram a vislumbrar o mundo até então invisível das células. Esse avanço permitiu que, pela primeira vez, se observasse diretamente os blocos construtores da vida, abrindo caminho para a teoria celular no século XIX, que afirmava que todos os seres vivos são compostos de células e que todas as células derivam de outras células. Esta compreensão foi crucial para o estudo do câncer, pois centralizou a atenção na célula como a unidade fundamental da doença.

A invenção do microscópio no século XVII marcou uma revolução na ciência e na maneira como compreendemos o mundo natural. Embora não haja um único inventor creditado com a criação do primeiro microscópio, a contribuição de cientistas como Antonie van Leeuwenhoek foi fundamental para o desenvolvimento e aprimoramento dessa ferramenta.

O microscópio surgiu a partir dos avanços na óptica e na fabricação de lentes na Holanda. No início do século XVII, os primeiros microscópios compostos, que utilizavam mais de uma lente para ampliar objetos, começaram a aparecer. No entanto, esses dispositivos iniciais eram de baixa qualidade e ofereciam imagens distorcidas.

Antonie van Leeuwenhoek, um comerciante de tecidos e cientista autodidata holandês, foi crucial para o avanço do microscópio. Por volta de 1670, ele começou a moer suas próprias lentes, alcançando um nível de magnificação e clareza sem precedentes. Leeuwenhoek construiu microscópios simples, que consistiam em uma única lente poderosa montada entre duas placas de metal, com um sistema para segurar a amostra. Com esses microscópios, ele foi capaz de observar detalhes nunca antes vistos, como bactérias, espermatozoides, o padrão celular de plantas e tecidos animais, e muito mais.

Leeuwenhoek compartilhou suas descobertas com a Royal Society em Londres, causando sensação e curiosidade em toda a comunidade científica europeia. Suas observações abriram novos caminhos para a biologia, a microbiologia e a ciência em geral, mostrando um universo até então invisível.

A invenção do microscópio e as contribuições de Leeuwenhoek transformaram o entendimento científico, permitindo que os cientistas vissem além do que era possível com os olhos nus. Isso não apenas impulsionou o desenvolvimento da biologia como uma ciência empírica, mas também estabeleceu as bases para futuras descobertas em diversas áreas do conhecimento

À medida que a biologia emergia como ciência, o estudo do câncer começou a se desviar das explicações sobrenaturais e místicas, aproximando-se de uma compreensão baseada na observação empírica e na experimentação. O século XIX testemunhou um avanço significativo com o trabalho de Rudolf Virchow, frequentemente chamado de "pai da patologia moderna", que propôs que todas as doenças, incluindo o câncer, surgem de células. Virchow observou que as células cancerígenas seguem as mesmas leis de crescimento celular que as células normais, mas sem os mecanismos de controle que limitam a proliferação celular no tecido saudável. Este foi um passo monumental na compreensão do câncer, pois colocou a doença firmemente no domínio da biologia celular.

Rudolf Virchow, frequentemente considerado o "pai da patologia

moderna", foi um médico, antropólogo, biólogo e político alemão do século XIX que revolucionou a compreensão das doenças através de sua teoria celular da patologia. Ele propôs o conceito radical de que todas as doenças, incluindo o câncer, se originam no nível celular, uma ideia que desafiou as teorias predominantes da época. Virchow afirmou que as doenças não surgem de desequilíbrios dos fluidos corporais ou de uma disfunção orgânica generalizada, mas sim de alterações nas células individuais. Esta teoria foi encapsulada na frase "Omnis cellula e cellula" (Toda célula vem de outra célula), estabelecendo a base para a biologia celular moderna e a patologia. Seu trabalho não apenas pavimentou o caminho para o desenvolvimento da medicina moderna, mas também estabeleceu a prática da autópsia como uma ferramenta fundamental para a compreensão das doenças. Virchow também foi um pioneiro na aplicação de métodos científicos ao estudo de doenças humanas, promovendo a ideia de que a pesquisa médica deve ser conduzida através da observação direta e da experimentação

2.2 O Nascimento da Oncologia

A oncologia, como uma disciplina médica dedicada ao estudo e tratamento do câncer, começou a tomar forma no final do século XIX e início do século XX, com o desenvolvimento de técnicas cirúrgicas para remover tumores e o advento da radioterapia. A descoberta dos raios X por Wilhelm Conrad Röntgen em 1895 e, posteriormente, a utilização de radiação para tratar o câncer, marcaram o início de uma nova era no tratamento da doença. Nunca poderíamos deixar de mencionar o nome de seres humanos singulares e pioneiros dentro desta ciência que surgiu oficialmente há poucos anos: Sidney Farber e Jane Cooke Wright.

Sidney Farber e Jane Cooke Wright.são figuras fundamentais na história da oncologia, particularmente no desenvolvimento e na aplicação da quimioterapia para o tratamento do câncer. A contribuição desses dois pioneiros não apenas revolucionou a maneira como o câncer é tratado, mas também abriu caminho para a pesquisa oncológica moderna, salvando inúmeras vidas ao longo das décadas.

Sidney Farber, frequentemente referido como o "pai da quimio-

terapia", foi um patologista pediátrico americano cujo trabalho transformou o câncer de uma sentença de morte certa para uma doença tratável. Antes de Farber, o câncer era frequentemente visto como incurável, e os métodos disponíveis de tratamento, como cirurgia e radiação, tinham sucesso limitado, especialmente em estágios avançados da doença. No final dos anos 1940, Farber fez uma descoberta revolucionária ao demonstrar que a aminopterina, um antagonista do ácido fólico, poderia induzir remissões em crianças com leucemia linfoblástica aguda (LLA), um tipo de câncer então quase sempre fatal. Este foi um marco histórico, pois foi a primeira vez que uma droga foi usada para tratar o câncer com sucesso. Farber não apenas abriu caminho para o uso de agentes quimioterápicos no tratamento do câncer, mas também estabeleceu a importância da pesquisa clínica em oncologia. Ele fundou o Dana-Farber Cancer Institute em Boston, um dos principais centros de pesquisa e tratamento do câncer no mundo, promovendo a ideia de que a pesquisa científica e o cuidado clínico do câncer devem andar de mãos dadas. Sua trajetória brilhante e única pode ser lida e apreciada no livro: O Imperador de Todos os Males de Siddhartha Mukherjee.

Jane Cooke Wright, filha de um dos primeiros médicos afro-americanos graduados pela Harvard Medical School, seguiu os passos de seu pai no campo da medicina e se tornou uma pioneira na quimioterapia do câncer. Em uma época em que as oportunidades para mulheres, especialmente mulheres negras na medicina, eram extremamente limitadas, Wright liderou pesquisas que mudaram o curso do tratamento do câncer. Ela foi uma das primeiras a usar a quimioterapia como um tratamento viável, focando não apenas na leucemia, mas também em outros tipos de câncer. Wright foi inovadora na forma como conduzia suas pesquisas, utilizando métodos de cultura de tecido para testar a eficácia de drogas quimioterápicas, o que permitiu uma avaliação mais rápida e precisa dos potenciais tratamentos. Além disso, ela foi uma das primeiras a identificar a eficácia da combinação de drogas na quimioterapia, uma prática que se tornou padrão no tratamento de muitos tipos de câncer.

A importância de Sidney Farber e Jane Cooke Wright na oncologia vai além de suas descobertas individuais. Eles mudaram a abordagem em relação ao tratamento do câncer, de uma visão de desesperança para uma de possibilidades terapêuticas. Suas pesquisas abriram caminho para o desenvolvimento de centenas de drogas quimioterápicas, que hoje formam a espinha dorsal do tratamento oncológico. Além disso, suas abordagens inovadoras na pesquisa e no tratamento do câncer estabeleceram os alicerces para a oncologia moderna, que continua a evoluir com novas descobertas e tecnologias.

Farber e Wright também desempenharam papéis cruciais na formação de instituições e na educação de futuras gerações de oncologistas. O legado de Farber no Dana-Farber Cancer Institute e o trabalho de Wright, incluindo sua contribuição como uma das fundadoras da American Society of Clinical Oncology (ASCO), ajudaram a estabelecer a oncologia como uma disciplina médica distinta. Eles entenderam a importância da colaboração multidisciplinar na luta contra o câncer, promovendo a integração entre pesquisa básica, pesquisa clínica e cuidado ao paciente.

Em resumo, Sidney Farber e Jane Cooke Wright não são apenas figuras históricas na oncologia; eles são verdadeiros visionários cujas contribuições continuam a influenciar a maneira como o câncer é compreendido e tratado. Sua dedicação à ciência e aos pacientes com câncer abriu novos caminhos para o desenvolvimento de tratamentos mais eficazes e menos tóxicos, transformando a quimioterapia de uma ideia radical em uma ferramenta essencial no arsenal contra o câncer. Através de seu trabalho pioneiro, eles deixaram um legado duradouro que continua a inspirar pesquisadores, médicos e pacientes ao redor do mundo na luta contínua contra o câncer.

No entanto, foi a descoberta do DNA e a subsequente revolução genética que transformou radicalmente o campo da oncologia. A identificação de genes específicos responsáveis pelo controle do ciclo celular e a descoberta de mutações genéticas que podem levar ao câncer forneceram insights sem precedentes sobre como a doença se desenvolve no nível molecular. Essas descobertas pavimentaram o caminho para o desenvolvimento de terapias direcionadas, que visam especificamente as alterações genéticas e moleculares que impulsionam o crescimento do câncer.

A oncologia moderna é uma disciplina vasta e multifacetada, que abrange a pesquisa básica sobre os mecanismos moleculares e celulares do câncer, o desenvolvimento de novas terapias e a implementação de estratégias de prevenção e detecção precoce. A introdução da imunoterapia, que aproveita o poder do sistema imunológico para combater o câncer, e a terapia genética, que busca corrigir ou modificar genes defeituosos responsáveis pela doença, são exemplos de como a oncologia continua a evoluir e a se adaptar às novas descobertas científicas.

O nascimento e a evolução da oncologia como uma disciplina científica refletem a jornada da humanidade na compreensão e no combate ao câncer. De tentativas primitivas de cura pela alquimia até os avanços modernos em biologia molecular e genética, a história da oncologia é um testemunho do espírito humano de inquirição e da incansável busca por respostas. Enquanto enfrentamos os desafios futuros no tratamento e prevenção do câncer, a história da oncologia serve como um lembrete de quão longe chegamos e da esperança que reside na ciência para vencer esta antiga adversidade.

Este capítulo, portanto, não apenas narra a transição da compreensão do câncer de um mistério envolto em superstições para uma doença que pode ser estudada, compreendida e tratada com métodos científicos, mas também destaca a importância da pesquisa contínua e da inovação na luta contra o câncer. A jornada da alquimia à biologia e o nascimento da oncologia são capítulos fundamentais na história da medicina, demonstrando o poder da ciência em transformar o desconhecido em conhecimento e o intransponível em possível.

Capítulo 3: Guerra Contra um Inimigo Invisível

A história do câncer é uma narrativa de humanidade, ciência e a incessante busca por soluções para um dos mais formidáveis adversários da saúde humana. Este capítulo adentra uma era onde a batalha contra o câncer se intensifica, marcada por avanços significativos em tratamentos e tecnologia, delineando um panorama de esperança, desafios e a resiliente jornada em direção a um futuro onde o câncer possa ser uma condição gerenciável, se não inteiramente vencível.

3.1 A Revolução dos Tratamentos

A história da cirurgia, desde suas origens primitivas até as técnicas modernas avançadas, é uma narrativa de progresso humano, inovação e a busca incansável pela cura. Esta jornada, marcada por descobertas significativas e avanços tecnológicos, encontra um paralelo notável na evolução do tratamento cirúrgico do câncer. A relação entre a história da cirurgia e o tratamento do câncer é uma história de como o entendimento e a aplicação de práticas cirúrgicas evoluíram para enfrentar um dos maiores desafios médicos da humanidade.

A trepanação, um dos mais antigos procedimentos cirúrgicos documentados, evidencia a longa história da intervenção cirúrgica para tratar doenças físicas, embora o conceito de câncer como o entendemos hoje não fosse conhecido naquela época. A prática de criar um orifício no crânio, possivelmente para aliviar a pressão ou tratar condições neurológicas, reflete uma compreensão primitiva da necessidade de intervir fisicamente no corpo para tratar doenças. Este entendimento rudimentar da cirurgia como uma forma de tratamento estabelece a base sobre a qual a cirurgia oncológica seria construída.

Avançando para a era do Renascimento, a prática da cirurgia começou a se distanciar das superstições e se fundamentar em uma compreensão mais científica da anatomia humana. Ambroise Paré, com suas inovações cirúrgicas e a introdução de técnicas menos dolorosas e mais eficazes, como o uso de ligaduras para estancar o sangramento, preparou o terreno para cirurgias mais complexas e delicadas, incluindo aquelas necessárias para a remoção de tumores cancerígenos.

No entanto, foi com Joseph Lister e a introdução dos princípios antissépticos na cirurgia que o tratamento cirúrgico do câncer realmente começou a avançar. Lister, ao promover a esterilização do ambiente cirúrgico, instrumentos e feridas, reduziu drasticamente as taxas de infecção pós-operatória, tornando as operações mais seguras e, por extensão, permitindo procedimentos cirúrgicos mais invasivos e extensos, como as necessárias na remoção de tumores malignos.

O século XX testemunhou avanços sem precedentes na tecnologia médica e na compreensão do câncer, levando a desenvolvimentos significativos na cirurgia oncológica. A invenção do microscópio eletrônico e o avanço da biologia molecular permitiram uma compreensão mais profunda da natureza do câncer, facilitando abordagens cirúrgicas mais direcionadas e menos invasivas. A introdução da laparoscopia, por exemplo, transformou muitos procedimentos cirúrgicos, permitindo aos cirurgiões operar com incisões menores, reduzindo a dor e o tempo de recuperação para o paciente.

Além disso, o conceito de cirurgia conservadora ganhou força, especialmente no tratamento de cânceres como o de mama, onde a mastectomia radical, que envolve a remoção de toda a mama, deu lugar a procedimentos que preservam o tecido mamário tanto quanto possível, melhorando significativamente a qualidade de vida dos pacientes após a cirurgia.

A introdução da radioterapia e da quimioterapia como adjuvantes ao tratamento cirúrgico do câncer também é um marco importante. Essas terapias, desenvolvidas a partir de uma compreensão mais profunda da biologia do câncer, permitiram o tratamento de células cancerígenas que não podiam ser fisicamente removidas, reduzindo o risco de recorrência e aumentando as taxas de sobrevivência.

No século XXI, a cirurgia oncológica continua a evoluir com o advento da robótica e da cirurgia assistida por computador, permitindo precisão ainda maior e minimizando ainda mais o trauma para o paciente. A imunoterapia e as terapias alvo-dirigidas, que visam especificamente as células cancerígenas com base em suas características genéticas e moleculares, estão revolucionando o tratamento do câncer, oferecendo novas esperanças para tratamentos menos invasivos e mais eficazes no futuro.

A história da cirurgia e o tratamento do câncer são, portanto, entrelaçados em uma narrativa de progresso contínuo e inovação. Desde as intervenções primitivas até as técnicas modernas sofisticadas, a jornada da cirurgia reflete a resiliência humana e o compromisso incansável com a melhoria da saúde e da qualidade de vida. À medida que avançamos, os ensinamentos do passado e as inovações do presente nos guiam em nossa busca contínua para superar o câncer, um dos maiores desafios da medicina moderna.

A luta contra o câncer, ao longo das últimas décadas, testemunhou uma revolução sem precedentes no desenvolvimento e na aplicação de tratamentos. Inicialmente limitada a cirurgias e radioterapia, a abordagem ao câncer expandiu-se para incluir uma gama de terapias que são mais precisas, menos invasivas e mais eficazes, transformando o prognóstico de inúmeras condições anteriormente consideradas fatais.

A quimioterapia, introduzida no século XX, marcou o início dessa revolução, oferecendo a primeira forma de tratamento sistêmico capaz de atingir células cancerígenas em todo o corpo. Embora eficaz, a quimioterapia é notória pelos seus efeitos colaterais debilitantes, uma consequência da sua falta de especificidade, atacando células saudáveis e doentes indiscriminadamente. Esse desafio incitou a busca por terapias mais direcionadas. E na busca por terapias mais direcionadas chegamos aos medicamentos biológicos, presente e futuro no combate à todas as doenças.

O advento da terapia alvo mudou o paradigma do tratamento do câncer. Essas terapias visam especificamente as alterações moleculares que promovem o crescimento do câncer, minimizando danos às células normais. Medicamentos como o trastuzumabe, usado no tratamento do câncer de mama HER2-positivo, exemplificam o sucesso dessa abordagem, oferecendo esperança a pacientes que, de outra forma, teriam poucas opções. Importante frisar que quando falamos em medicamentos biológicos não podemos nos esquecer de dizer que o acesso a estes medicamentos deveria ser facilitado pelas agências reguladoras de cada país; quando chegam ao mercado farmacêutico passaram-se anos de estudo obedecendo normas rígidas de produção, testes, efeitos e efeitos adversos. No caso do trastuzumabe, a demora na liberação no Brasil e a demora na liberação para rede pública (SUS) de mais de 10 anos, certamente levou a morte de milhares de mulheres que poderiam ser salvas com o uso deste medicamento.

Os medicamentos biológicos representam uma revolução na abordagem terapêutica de diversas doenças, incluindo o câncer. Diferentemente dos medicamentos convencionais, que são sintetizados quimicamente e possuem estruturas moleculares definidas, os medicamentos biológicos são produzidos a partir de sistemas vivos. Células de microorganismos, plantas ou animais são utilizadas como fábricas biológicas para produzir as substâncias ativas desses medicamentos. Este processo complexo envolve biotecnologia e engenharia genética, onde genes que codificam proteínas terapêuticas específicas são inseridos em células hospedeiras, que então produzem a proteína desejada. Após a produção, a proteína é purificada e formulada como um medicamento.

O impacto dos medicamentos biológicos no tratamento do câncer tem sido profundamente transformador. Eles oferecem uma abordagem mais direcionada e personalizada, atacando células cancerígenas com precisão sem afetar tanto as células saudáveis, o que resulta em menos efeitos colaterais em comparação com a quimioterapia tradicional. Entre esses medicamentos, destacam-se:

1.Anticorpos monoclonais: Projetados para reconhecer e se ligar a antígenos específicos presentes na superfície das células cancerígenas. Essa ligação pode bloquear o crescimento celular, induzir a morte direta da célula ou marcar a célula cancerígena para destruição pelo sistema imunológico.

2.Terapias de células T CAR: Uma abordagem inovadora onde as células T do paciente são geneticamente modificadas para expressar um receptor quimérico de antígeno (CAR) que as direciona para atacar células cancerígenas. Após a modificação, as células T são expandidas em laboratório e reintroduzidas no paciente, onde podem buscar e destruir o câncer.

3.Inibidores de checkpoint imunológico: Estes medicamentos atuam desbloqueando os "freios" do sistema imunológico, permitindo que as células imunes reconheçam e combatam as células cancerígenas mais efetivamente.

4.Terapias alvo-dirigidas: Diferem dos quimioterápicos tradicionais ao mirar em vias moleculares específicas que são fundamentais para o crescimento e sobrevivência do tumor, bloqueando assim o progresso da doença.

O desenvolvimento e a implementação de medicamentos biológicos no tratamento do câncer representam um dos avanços mais significativos na oncologia. Eles não apenas melhoram as taxas de sobrevida e a qualidade de vida dos pacientes, mas também oferecem novas esperanças na luta contra o câncer. No entanto, esses tratamentos também apresentam desafios, incluindo altos custos de produção e questões relacionadas à acessibilidade e à logística de distribuição. Apesar desses desafios, o potencial dos medicamentos biológicos para transformar o tratamento do câncer continua a impulsionar pesquisas e desenvolvimentos na área, prometendo novas terapias ainda mais eficazes e personalizadas no futuro

A imunoterapia, uma das mais promissoras fronteiras na oncologia, representa outra virada de jogo. Ao potencializar o próprio sistema imunológico do corpo para reconhecer e destruir células cancerígenas, tratamentos como os inibidores de checkpoint imunológico têm demonstrado resultados impressionantes em cânceres anteriormente intransigentes, como o melanoma avançado. A CAR-T cell therapy, que modifica geneticamente células T do paciente para atacar o câncer, é outro exemplo de como a imunoterapia está redefinindo o tratamento do câncer.

3.2 O Papel da Tecnologia

A tecnologia, tanto na detecção quanto no tratamento do câncer, tem sido um catalisador fundamental na transformação da oncologia. Avanços tecnológicos permitiram a visualização e a análise do câncer com uma precisão sem precedentes, facilitando diagnósticos mais precoces e tratamentos personalizados.

Na detecção do câncer, técnicas de imagem como a ressonância magnética (MRI), tomografia computadorizada (CT) e a tomografia por emissão de pósitrons (PET) têm se tornado instrumentos indispensáveis. Eles fornecem imagens detalhadas do interior do corpo, permitindo que médicos identifiquem tumores em estágios iniciais e com precisão milimétrica, crucial para planejar o tratamento mais eficaz.

Além da imagem, a biópsia líquida, uma tecnologia emergente, oferece uma forma menos invasiva de diagnosticar e monitorar o câncer. Através da detecção de fragmentos de DNA tumoral no sangue, a biópsia líquida tem o potencial de identificar o câncer muito antes dos sintomas aparecerem, além de monitorar a resposta ao tratamento em tempo real, abrindo novas fronteiras na medicina personalizada.

No tratamento, a tecnologia também revolucionou a precisão e eficácia. A radiocirurgia estereotáxica, por exemplo, permite que médicos direcionem radiação de alta dose em tumores com precisão milimétrica, minimizando danos ao tecido saudável circundante. A robótica, especialmente em cirurgias, tem permitido procedimentos minimamente invasivos, com recuperação mais rápida e menos dor para o paciente.

A interseção da oncologia com a inteligência artificial (AI) e o big data está começando a oferecer insights profundos sobre a biologia do câncer, predição de progressão da doença e resposta ao tratamento. Algoritmos de AI, treinados em vastos conjuntos de dados, estão ajudando a identificar padrões complexos em imagens médicas, otimizar combinações de tratamento e até prever mutações genéticas associadas ao risco de câncer, personalizando o tratamento a um nível antes inimaginável.

A Inteligência Artificial (IA) está desempenhando um papel cada vez mais crucial na oncologia, auxiliando nos diagnósticos, planejamento de tratamentos e monitoramento da progressão do câncer. Diferentes tecnologias de IA estão sendo empregadas neste campo, visando aprimorar a precisão dos diagnósticos e personalizar os planos de tratamento para cada paciente. Abaixo, alguns exemplos dessas tecnologias:

1.**Análise de Imagens Assistida por Computador:** Sistemas de IA estão sendo treinados para detectar padrões e anomalias em imagens médicas, como raios X, tomografias computadorizadas (TC) e ressonância magnética (RM), ajudando a diagnosticar e monitorar a progressão do câncer. Por exemplo, sistemas de deep learning podem identificar lesões suspeitas de câncer de mama em mamografias com maior precisão do que radiologistas humanos em alguns casos.

2.**Genômica e Bioinformática:** Tecnologias de sequenciamento de DNA permitem a análise do genoma de pacientes com câncer, identificando mutações e alterações genéticas que contribuem para o desenvolvimento da doença. Sistemas de IA podem analisar esses dados para identificar padrões e associações, auxiliando no diagnóstico, previsão da resposta ao tratamento e personalização dos planos terapêuticos. Algoritmos de machine learning também estão sendo utilizados para predizer a sensibilidade a determinados medicamentos, levando em consideração os perfis genéticos individuais.

3.**Análise de Dados Clínicos:** Sistemas de IA podem processar grandes volumes de dados clínicos, como historial médico, exames laboratoriais e informações sobre o estilo de vida do paciente, para identificar fatores de risco e indicadores de prognóstico. Essas informações podem ser utilizadas para prever a evolução da doença e ajudar os médicos a tomar decisões mais informadas sobre os planos de tratamento.

4.Redes Neuronais Artificiais: Redes neuronais profundas são capazes de aprender e reconhecer padrões complexos em dados clínicos e imagens médicas. Essas tecnologias podem ser empregadas em diferentes etapas do processo de diagnóstico e tratamento do câncer, desde a detecção precoce até a monitoramento da resposta ao tratamento.

5.Robôs Cirúrgicos: Tecnologias avançadas de robótica e IA estão sendo utilizadas em cirurgias oncológicas, permitindo a realização de procedimentos minimamente invasivos com alta precisão. Sistemas de IA podem ajudar os cirurgiões a planejar e executar as operações, reduzindo os riscos de complicações e acelerando a recuperação dos pacientes.

6.Sistemas de Recomendação de Tratamento: Sistemas de IA podem analisar dados clínicos e evidências científicas para recomendar os melhores tratamentos para cada paciente, levando em consideração fatores como o tipo e estágio do câncer, histórico clínico e perfis genéticos individuais.

Em resumo, as tecnologias de IA estão transformando a oncologia, oferecendo soluções inovadoras para o diagnóstico, tratamento e monitoramento do câncer. A integração dessas tecnologias com os processos clínicos existentes pode levar a melhores resultados para os pacientes, reduzindo os riscos de erros e aprimorando a eficiência dos cuidados de saúde. No entanto, é importante garantir a confiabilidade e segurança dessas tecnologias, bem como a formação adequada dos profissionais de saúde para sua utilização e integração nos processos clínicos.

A guerra contra o câncer, embora longe de ser vencida, está em um ponto de inflexão. A revolução dos tratamentos e o papel transformador da tecnologia estão remodelando o que significa viver com câncer. Enquanto enfrentamos este inimigo invisível, a ciência e a tecnologia emergem como as armas mais potentes em nosso arsenal, oferecendo novas esperanças e possibilidades. A jornada é árdua e complexa, mas a trajetória da oncologia mostra uma clara evolução da capacidade humana de entender, combater e, eventualmente, co-existir com o câncer. A história do câncer é, em última análise, uma história de resiliência, inovação e esperança, refletindo nossa incessante busca por um futuro onde o câncer possa ser uma palavra, não uma sentença.

Capítulo 4: O Câncer na Era da Informação

4.1 Tipos de Câncer e Seus Fantasmas: Uma análise detalhada dos tipos de câncer mais comuns, suas características e como afetam diferentes partes do corpo.

O câncer, em sua essência, é uma doença de multiplicação celular descontrolada, capaz de afetar praticamente qualquer parte do corpo humano. Esta seção explora os tipos mais comuns de câncer, suas características distintas e o impacto que têm na saúde individual.

O **câncer de mama**, liderando as estatísticas globais, não discrimina por gênero, embora seja significativamente mais comum em mulheres. Caracterizado pelo crescimento descontrolado de células no tecido mamário, seus sinais incluem nódulos, alterações na pele e no formato da mama. A detecção precoce, principalmente através de mamografias, joga um papel crucial na sobrevivência.

O **câncer de pulmão**, frequentemente associado ao tabagismo, se manifesta através de sintomas como tosse persistente, perda de peso e dificuldade respiratória. Sua alta taxa de mortalidade é parcialmente devida ao diagnóstico tardio, muitas vezes em estágios avançados.

O **câncer colorretal** afeta o cólon e o reto, com fatores de risco incluindo idade avançada, dieta rica em gordura e histórico familiar. Alterações nos hábitos intestinais e sangue nas fezes são sinais de alerta.

O **câncer de próstata**, predominante em homens mais velhos, pode crescer lentamente e, inicialmente, não apresentar sintomas. A detecção precoce através de exames de sangue PSA e exames físicos pode ser vital.

O **câncer de pele,** incluindo melanoma e carcinoma, é influenciado pela exposição ao sol e por características hereditárias. Lesões que mudam de forma, cor ou tamanho devem ser examinadas imediatamente.

Cada tipo de câncer carrega seus "fantasmas" – os medos, estigmas e desafios no diagnóstico e tratamento. A compreensão dessas nuances é essencial para abordagens de tratamento eficazes e políticas de saúde pública.

4.2 Dados Estatísticos Atualizados: Uma compilação de estatísticas globais sobre incidência, mortalidade e sobrevivência, ilustrando o impacto do câncer na população mundial.

A era da informação trouxe consigo uma capacidade sem precedentes de coletar, analisar e disseminar dados sobre o câncer, oferecendo uma visão clara de seu impacto global.

Globalmente, o câncer é a segunda principal causa de morte, com estimativas indicando que uma em cada seis mortes no mundo é devido a esta doença. A incidência de câncer continua a crescer, com mais de 20 milhões de novos casos (2022) e 9,7 milhões de mortes por câncer relatadas anualmente. Esses números destacam a magnitude do desafio que o câncer representa.

A distribuição do câncer varia significativamente por região e é influenciada por fatores socioeconômicos, ambientais e de estilo de vida. Países de baixa e média renda enfrentam os maiores desafios, onde recursos limitados para prevenção, diagnóstico e tratamento exacerbam o impacto do câncer.

A taxa de sobrevivência também varia amplamente entre diferentes tipos de câncer e regiões. Enquanto alguns cânceres, como o de mama e próstata, têm taxas de sobrevivência de cinco anos superiores a 90% em países desenvolvidos, outros, como o câncer de pulmão e pâncreas, permanecem com prognósticos muito mais desafiadores.

Os dados também revelam progresso. A mortalidade por câncer tem diminuído em muitos países, graças a melhorias na detecção precoce, tratamentos mais eficazes e campanhas de prevenção focadas em fatores de risco modificáveis, como tabagismo, dieta e exercício.

Destaco aqui alguns dados importantes sobre alguns tipos de câncer:

Câncer de Mama

•**Sintomas:** Nódulo no seio, alterações na pele sobre o seio, mudança no formato do mamilo.

•**Incidência:** O câncer de mama é o mais comum entre mulheres globalmente.

•**Tratamentos:** Cirurgia, radioterapia, quimioterapia, terapia hormonal, terapia alvo.

•**Novos Casos/Ano:** Cerca de 2,3 milhões.
•**Mortalidade:** Aproximadamente 685.000 mortes.
•**Detecção Precoce:** Mamografia regular, exame clínico das mamas, autoexame.

Câncer de Pulmão

•**Sintomas:** Tosse persistente, hemoptise, falta de ar, dor no peito.
•**Incidência:** É o segundo mais comum e a principal causa de morte por câncer globalmente.
•**Tratamentos:** Cirurgia, radioterapia, quimioterapia, terapia alvo, imunoterapia.
•**Novos Casos/Ano:** Cerca de 2,2 milhões.
•**Mortalidade:** Aproximadamente 1,8 milhão de mortes.
•**Detecção Precoce:** Rastreamento por tomografia computadorizada de baixa dose em pessoas de alto risco.

Câncer Colorretal

•**Sintomas:** Mudança nos hábitos intestinais, sangue nas fezes, dor abdominal.
•**Incidência:** Um dos cânceres mais comuns globalmente.
•**Tratamentos:** Cirurgia, radioterapia, quimioterapia.
•**Novos Casos/Ano:** Cerca de 1,9 milhões.
•**Mortalidade:** Aproximadamente 935.000 mortes.
•**Detecção Precoce:** Colonoscopia, sigmoidoscopia, testes de sangue oculto nas fezes.

Câncer de Próstata

•**Sintomas:** Dificuldade em urinar, fluxo urinário fraco, presença de sangue na urina.
•**Incidência:** O mais comum entre homens em muitos países.
•**Tratamentos:** Cirurgia, radioterapia, terapia hormonal.
•**Novos Casos/Ano:** Cerca de 1,4 milhões.
•**Mortalidade:** Aproximadamente 375.000 mortes.
•**Detecção Precoce:** Exame de sangue PSA, exame digital retal.

Câncer de Fígado

•**Sintomas:** Perda de peso, dor abdominal superior direita, icterícia.
•**Incidência:** Entre os mais comuns e mais letais.
•**Tratamentos:** Cirurgia, ablação, radioterapia, quimioterapia.
•**Novos Casos/Ano:** Cerca de 905.000.
•**Mortalidade:** Aproximadamente 830.000 mortes.
•**Detecção Precoce:** Ultrassonografia abdominal, exame de sangue para alfafetoproteína.

Câncer de Colo do Útero

•**Sintomas:** Sangramento vaginal anormal, dor durante o ato sexual, secreção vaginal.
•**Incidência:** Altamente relacionado com infecção por HPV.
•**Tratamentos:** Cirurgia, radioterapia, quimioterapia.
•**Novos Casos/Ano:** Cerca de 604.000.
•**Mortalidade:** Aproximadamente 342.000 mortes.
•**Detecção Precoce:** Papanicolau (teste de Pap), teste de HPV.

Leucemias

•**Sintomas:** Fadiga, febre, sangramentos e hematomas fáceis, infecções frequentes.
•**Incidência:** Diversos tipos, afetando adultos e crianças.
•**Tratamentos:** Quimioterapia, radioterapia, transplante de medula óssea.
•**Novos Casos/Ano:** Cerca de 437.000.
•**Mortalidade:** Aproximadamente 309.000 mortes.
•**Detecção Precoce:** Exames de sangue regulares que mostram contagens anormais de células.

Câncer de Pâncreas

•**Sintomas:** Dor abdominal, perda de peso, icterícia.
•**Incidência:** Taxas de sobrevida baixas devido à detecção tardia.
•**Tratamentos:** Cirurgia, quimioterapia, radioterapia.
•**Novos Casos/Ano:** Cerca de 496.000.

•**Mortalidade:** Aproximadamente 466.000 mortes.
•**Detecção Precoce:** Não há métodos de rastreamento estabelecidos para a população em geral.

Câncer de Pele Não Melanoma

•**Sintomas:** Lesões na pele que não cicatrizam, mudanças em verrugas existentes.
•**Incidência:** O tipo mais comum de câncer, mas geralmente tratável.
•**Tratamentos:** Cirurgia, radioterapia, terapia tópica.
•**Novos Casos/Ano:** Milhões globalmente, mas com baixa mortalidade.
•**Mortalidade:** Relativamente baixa.
•**Detecção Precoce:** Exame regular da pele por um profissional, autoexame da pele.

Câncer de Pele Melanoma

•**Sintomas:** Mudança na cor, forma ou tamanho de uma pinta ou sarda.
•**Incidência:** Menos comum que o câncer de pele não melanoma, mas mais letal.
•**Tratamentos:** Cirurgia, imunoterapia, terapia alvo, quimioterapia.
•**Novos Casos/Ano:** Cerca de 324.000.
•**Mortalidade:** Aproximadamente 57.000 mortes.
•**Detecção Precoce:** Exame regular da pele, vigilância de nevos (pintas).

Estas informações servem como um guia geral, mas é crucial consultar profissionais de saúde para aconselhamento e diagnóstico precisos, pois os dados podem variar e os métodos de tratamento e detecção precoce estão em constante evolução. Observe que esses números representam estimativas globais e podem variar conforme a região geográfica e outros fatores. Além disso, é importante lembrar que as taxas de incidência e mortalidade de câncer estão influenciadas por vários fatores, incluindo idade, genética, estilo de vida e exposição a agentes cancerígenos.

A era da informação transformou o câncer de uma sentença de morte em um desafio de saúde gerenciável para muitos, embora ainda seja uma fonte de significativo sofrimento humano e carga econômica. A compreensão detalhada dos tipos de câncer e o acesso a dados estatísticos atualizados são fundamentais para direcionar esforços de pesquisa, políticas de saúde e estratégias de prevenção. À medida que avançamos, a informação continua a ser nossa maior arma na luta contra o câncer, promovendo uma era de esperança, inovação e a promessa de um futuro onde o câncer possa ser enfrentado com ainda maior eficácia.

Capítulo 5: A Esperança no Horizonte

A batalha contra o câncer é longa e árdua, mas não sem suas vitórias e avanços significativos. A esperança se manifesta de diversas formas, desde a adoção de estilos de vida que promovem a saúde até os avanços tecnológicos que permitem a detecção precoce da doença. Este capítulo explora as diversas maneiras pelas quais indivíduos e sociedades podem se armar contra o câncer, destacando a importância de medidas preventivas e a inestimável vantagem do diagnóstico precoce.

5.1 Medidas Preventivas e a Arte de Viver: Como a dieta, exercícios e evitando certos hábitos podem reduzir significativamente o risco de desenvolver câncer. Hábitos alimentares saudáveis e exercícios reduzem em 30% as chances de se ter câncer.

A prevenção do câncer, embora não seja uma ciência exata, é fortalecida por um corpo crescente de evidências que sugerem que mudanças no estilo de vida podem diminuir significativamente o risco de desenvolver a doença. A arte de viver bem, portanto, não se resume apenas a buscar prazer e evitar a dor, mas também a adotar práticas que promovam a saúde a longo prazo.

Dieta: A conexão entre dieta e câncer é complexa, mas a pesquisa sugere que uma dieta rica em frutas, vegetais, grãos integrais e legumes, e pobre em carnes processadas e vermelhas, pode reduzir o risco de vários tipos de câncer. Alimentos ricos em antioxidantes, como bagas, nozes e folhas verdes, podem proteger contra o dano celular, enquanto dietas altas em alimentos processados e açúcar têm sido associadas a um risco aumentado.

Exercícios: A atividade física regular é outro pilar na prevenção do câncer. O exercício não apenas ajuda a controlar o peso, mas também pode reduzir o risco de câncer de mama, cólon, útero e próstata. A recomendação geral é de pelo menos 150 minutos de atividade moderada ou 75 minutos de atividade vigorosa por semana.

Evitando Hábitos Nocivos: O tabagismo é o mais significativo fator de risco evitável para o câncer, particularmente para o câncer de pulmão, boca, laringe, pâncreas, bexiga, rim e colo do útero. O tabagismo é responsável por 30% de todos os casos de câncer. O álcool, outro carcinógeno conhecido, quando consumido em excesso, aumenta o risco de câncer de boca, esôfago, fígado, mama, cólon e reto. Limitar ou eliminar esses hábitos pode reduzir substancialmente o risco de câncer.

5.2 A Descoberta Precoce Salva Vidas: A importância do diagnóstico precoce através de exames regulares e a evolução dos métodos de detecção.

A detecção precoce do câncer pode ser a diferença entre a vida e a morte. O diagnóstico em estágios iniciais, quando o câncer é mais tratável, aumenta significativamente as taxas de sobrevivência. A evolução dos métodos de detecção tem sido fundamental nesta frente, permitindo diagnósticos mais rápidos e precisos.

Exames Regulares: Programas de rastreamento para câncer de mama (mamografias), colo do útero (Papanicolau), cólon (colonoscopias) e próstata (exame de PSA) têm se mostrado eficazes na detecção precoce. Marcadores Tumorais como CEA, CA 125, CA 19-9, CA 15-3 Esses exames podem identificar cânceres antes mesmo de os sintomas aparecerem, em estágios em que o tratamento é mais eficaz.

Os marcadores tumorais são substâncias, geralmente proteínas, produzidas pelo próprio câncer ou pelo corpo em resposta à presença de câncer ou outras condições benignas. Eles são encontrados no sangue, na urina, nos tecidos tumorais e em outros fluidos corporais. Embora nenhum marcador tumoral seja específico o suficiente para o diagnóstico de câncer por si só, quando combinados com outros exames e avaliações clínicas, desempenham um papel crucial na detecção precoce de alguns tipos de câncer, monitoramento da resposta ao tratamento e detecção de recidivas.

Marcadores Tumorais Comuns no Sangue:

1.**Antígeno Carcinoembrionário (CEA):** Originalmente descoberto em tumores de cólon, o CEA pode estar elevado em vários tipos de câncer, incluindo câncer de pulmão, mama e gastrointestinal, bem como em algumas condições benignas. É frequentemente utilizado para monitorar a resposta ao tratamento em pacientes com câncer colorretal.

2.**CA 125:** Utilizado principalmente no monitoramento de mulheres com câncer de ovário, o CA 125 também pode estar elevado em outros cânceres ginecológicos e em condições benignas como endometriose.

3.**CA 19-9:** Associado primariamente ao câncer de pâncreas, o CA 19-9 pode também estar elevado em cânceres de vesícula biliar, vias biliares e fígado. É útil para monitorar a resposta ao tratamento e detectar recorrências.

4.**Alfafetoproteína (AFP):** Um marcador para câncer de fígado (hepatocarcinoma) e certos tipos de câncer de testículo, a AFP também pode ser usada para monitorar a eficácia do tratamento e verificar a recorrência do câncer.

Marcadores Tumorais em Análises Imuno-histoquímicas: As análises imuno-histoquímicas são utilizadas para identificar marcadores específicos nas células de uma amostra de tecido, o que pode ajudar a determinar a origem do câncer e orientar as opções de tratamento.

1.**HER2:** O receptor do fator de crescimento epidérmico humano 2 é superexpresso em alguns cânceres de mama e estômago. A identificação de HER2 positivo é crucial para direcionar terapias específicas.

2.**Receptores de Estrogênio e Progesterona:** A presença desses receptores em células de câncer de mama indica que o tumor pode responder a terapias hormonais.

3.**Ki-67:** Um marcador de proliferação celular que ajuda a determinar a agressividade do tumor. Quanto maior a porcentagem de células Ki-67 positivas, mais rápido o tumor está crescendo.

4.**PD-L1:** O ligante 1 de morte programada é um marcador chave para a imunoterapia, especialmente em cânceres como melanoma, câncer de pulmão de não pequenas células, e outros. A expressão de PD-L1 pode indicar que o paciente responderá bem a inibidores de checkpoint imunológico.

Importância dos Marcadores Tumorais

A detecção de marcadores tumorais tem um papel crucial na oncologia moderna, permitindo uma abordagem personalizada no tratamento do câncer. Ao identificar a presença e o nível de marcadores específicos, os médicos podem:

•Estabelecer um prognóstico mais preciso.

•Escolher o tratamento mais eficaz com base no perfil molecular do tumor.

•Monitorar a resposta ao tratamento, ajustando-o conforme necessário.

•Detectar precocemente recidivas.

Embora os marcadores tumorais ofereçam informações valiosas, é importante notar que sua interpretação sempre deve ser realizada no contexto de outros exames diagnósticos e avaliação clínica, pois podem estar elevados em condições benignas e não são específicos para um único tipo de câncer. A integração de marcadores tumorais com avanços em técnicas de diagnóstico e tratamento continua a ser uma área de intensa pesquisa, prometendo novas estratégias para a detecção precoce e tratamento personalizado do câncer.

Avanços Tecnológicos:

A batalha contra o câncer é uma das frentes mais desafiadoras e persistentes na medicina moderna. Com o passar dos anos, os avanços tecnológicos têm desempenhado um papel crucial na detecção precoce e no tratamento dessa doença complexa e multifacetada. Entre as tecnologias mais impactantes estão o ultrassom, a tomografia computadorizada (TC), a ressonância magnética nuclear (RMN), a ressonância magnética multiparamétrica (RMM) e o PET Scan (Tomografia por Emissão de Pósitrons). Cada uma dessas tecnologias oferece uma janela única para o interior do corpo humano, permitindo aos médicos visualizar tumores com uma clareza sem precedentes, avaliar a extensão da doença e personalizar os tratamentos de acordo com as necessidades individuais dos pacientes.

Ultrassom

O ultrassom, ou ecografia, utiliza ondas sonoras de alta frequência para criar imagens dos órgãos internos e tecidos. É uma ferramenta diagnóstica não invasiva que não emprega radiação ionizante, tornando-a segura para uso repetido. O ultrassom é particularmente útil na detecção de câncer em tecidos moles, como aqueles encontrados nos seios, na tireoide e no abdômen. Ele pode ajudar a distinguir entre massas sólidas, que podem ser cancerígenas, e cistos cheios de líquido, que geralmente são benignos. Além disso, o ultrassom é frequentemente usado para guiar biópsias, permitindo que os médicos colem amostras de tecido com precisão para análise posterior.

Tomografia Computadorizada (TC)

A tomografia computadorizada combina uma série de imagens de raios-X tiradas de diferentes ângulos para produzir imagens transversais detalhadas do corpo. Essa tecnologia é capaz de revelar a presença, tamanho e forma de tumores, além de mostrar a relação do tumor com outros tecidos e órgãos vizinhos. A TC é amplamente utilizada na detecção e no estadiamento do câncer, ajudando os médicos a determinar a extensão da doença e a planejar o tratamento mais eficaz. No entanto, devido ao uso de radiação ionizante, há uma consideração cuidadosa na frequência de seu uso.

Ressonância Magnética Nuclear (RMN)

A ressonância magnética nuclear utiliza um campo magnético poderoso e ondas de rádio para gerar imagens detalhadas dos órgãos e tecidos do corpo. Diferente da TC, a RMN não envolve radiação ionizante, tornando-a uma opção mais segura para pacientes que necessitam de monitoramento frequente. A RMN é particularmente útil na visualização de tecidos moles e é amplamente utilizada para avaliar tumores cerebrais, espinhais e musculoesqueléticos. Ela oferece uma visão detalhada da localização do tumor, de sua relação com os tecidos circundantes e de sua composição interna, o que é crucial para o planejamento do tratamento.

Ressonância Magnética Multiparamétrica (RMM)

A ressonância magnética multiparamétrica é uma evolução da RMN tradicional, combinando várias técnicas de imagem em uma única sessão para fornecer uma avaliação mais abrangente do câncer. Esse método é particularmente valioso na detecção e caracterização do câncer de próstata, oferecendo informações sobre a anatomia, a vascularização e a atividade celular do tumor. A RMM pode ajudar a distinguir entre tumores de baixo e alto grau, orientando decisões sobre a necessidade de biópsia e as opções de tratamento.

PET Scan

O PET Scan é uma técnica de imagem altamente sensível que detecta a atividade metabólica nas células do corpo. Os pacientes recebem uma pequena quantidade de uma substância radioativa, chamada de radiotraçador, que as células cancerígenas absorvem mais do que as células normais. Isso permite que o PET Scan identifique áreas de alta atividade metabólica, indicativas de câncer. Quando combinado com a TC ou RMN, o PET Scan pode fornecer informações detalhadas sobre a localização e o metabolismo do tumor, melhorando a precisão do diagnóstico, o estadiamento do câncer e a avaliação da resposta ao tratamento.

Impacto dos Avanços Tecnológicos na Luta Contra o Câncer

Os avanços tecnológicos na detecção e tratamento do câncer representam um marco significativo na medicina. Eles não apenas melhoraram a precisão do diagnóstico e do estadiamento, mas também abriram novas possibilidades para tratamentos personalizados e minimamente invasivos. Com essas tecnologias, os médicos podem agora identificar tumores em estágios iniciais, quando são mais tratáveis, e monitorar a eficácia do tratamento com precisão sem precedentes. Além disso, a capacidade de visualizar a extensão da doença em detalhes permite um planejamento cirúrgico mais preciso, potencialmente reduzindo o risco de complicações e melhorando os resultados para os pacientes.

À medida que continuamos a explorar e desenvolver novas tecnologias de imagem, a promessa de diagnósticos ainda mais precoces e tratamentos ainda mais eficazes se torna uma realidade tangível. A integração dessas tecnologias avançadas na prática clínica está transformando a maneira como abordamos o câncer, oferecendo esperança renovada para pacientes e suas famílias. Enquanto enfrentamos os desafios inerentes à luta contra o câncer, é claro que os avanços tecnológicos serão fundamentais para pavimentar o caminho para um futuro onde o câncer possa ser detectado precocemente, tratado eficazmente e, idealmente, curado

A esperança no horizonte contra o câncer reside não apenas nos avanços tecnológicos e médicos, mas também na adoção de estilos de vida saudáveis que podem prevenir a doença. A combinação de uma dieta balanceada, atividade física regular e a evitação de hábitos nocivos constitui uma estratégia poderosa de prevenção. Paralelamente, a evolução dos métodos de detecção e a importância do diagnóstico precoce sublinham a capacidade da medicina moderna de não apenas tratar, mas também antecipar o câncer, oferecendo esperança real para um futuro mais saudável.

Capítulo 6: Além da Cura

Este capítulo explora as fronteiras da medicina no combate ao câncer, destacando não apenas os avanços científicos e tecnológicos, mas também as histórias humanas de resiliência, esperança e sobrevivência. A jornada é tanto sobre os progressos na cura quanto sobre a transformação das experiências vividas por aqueles que convivem com a doença.

6.1 Os Últimos Estudos e o Futuro do Tratamento: Uma visão sobre os avanços recentes na pesquisa do câncer, incluindo imunoterapia e medicina personalizada.

A pesquisa do câncer está na vanguarda da medicina, com avanços significativos que prometem transformar o tratamento da doença. A imunoterapia, que utiliza o sistema imunológico do corpo para combater o câncer, tem se mostrado particularmente promissora. Diferentemente da quimioterapia, que ataca as células de forma indiscriminada, a imunoterapia visa especificamente as células cancerígenas, minimizando os danos às células saudáveis e reduzindo os efeitos colaterais.

A medicina personalizada, por sua vez, representa uma mudança de paradigma no tratamento do câncer. Baseando-se na compreensão de que cada caso de câncer é único, a medicina personalizada utiliza informações genéticas e moleculares do tumor de um paciente para desenvolver tratamentos específicos. Essa abordagem não só aumenta a eficácia do tratamento, mas também oferece esperança para casos anteriormente considerados intratáveis.

A imunoterapia representa uma fronteira promissora no tratamento do câncer, marcando uma era de avanços significativos na luta contra esta doença. Diferentemente das abordagens tradicionais, como a quimioterapia e a radioterapia, que atacam diretamente as células cancerígenas mas também podem afetar as células saudáveis, a imunoterapia trabalha fortalecendo o sistema imunológico do próprio paciente para que ele possa combater o câncer mais efetivamente.

Definição e Mecanismo de Ação

A imunoterapia, em sua essência, é um tipo de tratamento que utiliza partes do sistema imunológico para lutar contra doenças, incluindo o câncer. Ela pode ser realizada de várias maneiras, incluindo o uso de anticorpos monoclonais que atacam uma parte específica das células cancerígenas, vacinas contra o câncer que desencadeiam uma resposta imunológica contra as células cancerígenas, e a terapia de células T, que envolve a modificação das células T do paciente para aumentar sua capacidade de combater o câncer.

Desenvolvimento de Medicamentos

O desenvolvimento de medicamentos de imunoterapia é um processo complexo e meticuloso que começa com a pesquisa básica em laboratório, passando por testes pré-clínicos em modelos animais, até chegar aos ensaios clínicos em humanos. Este processo pode levar anos, senão décadas, e exige um investimento substancial de tempo e recursos.

Usos e Eficácia

A imunoterapia mostrou-se eficaz no tratamento de vários tipos de câncer, incluindo melanoma, câncer de pulmão, câncer de rim, bexiga, e linfoma de Hodgkin, entre outros. Sua eficácia varia de acordo com o tipo de câncer e o estágio em que se encontra, bem como a saúde geral do paciente e a resposta do seu sistema imunológico ao tratamento.

Custos e Acesso

Um dos maiores desafios da imunoterapia é o seu custo elevado, que pode limitar o acesso para muitos pacientes, especialmente aqueles de baixa renda ou em países em desenvolvimento. O custo dos tratamentos de imunoterapia pode variar de dezenas a centenas de milhares de dólares por ano, dependendo do medicamento específico e da duração do tratamento.

Efeitos Colaterais

Embora geralmente menos severos do que os da quimioterapia, os efeitos colaterais da imunoterapia podem incluir fadiga, dor, inflamação e, em casos raros, reações autoimunes onde o sistema imunológico ataca tecidos saudáveis do corpo.

Desafios e Oportunidades

Um dos principais desafios para aumentar o acesso à imunoterapia é reduzir os custos de produção e tratamento. Isso pode ser alcançado através de inovações na fabricação de medicamentos, políticas de preços mais flexíveis por parte das empresas farmacêuticas, e maior apoio de programas governamentais e organizações sem fins lucrativos.

Além disso, a pesquisa contínua é crucial para desenvolver novas formas de imunoterapia que sejam mais eficazes, tenham menos efeitos colaterais e possam ser oferecidas a um custo mais baixo. A colaboração internacional e o compartilhamento de conhecimento entre cientistas, instituições de pesquisa e empresas farmacêuticas são essenciais para acelerar os avanços nesta área.

Em resumo, a imunoterapia oferece uma nova esperança para muitos pacientes com câncer, representando um avanço significativo na forma como entendemos e tratamos esta doença. No entanto, para maximizar seu potencial, é necessário enfrentar os desafios relacionados ao custo e ao acesso, garantindo que todos os pacientes, independentemente de sua situação econômica, possam se beneficiar desses avanços.

Imunoterapia no Brasil

O desenvolvimento da imunoterapia no Brasil, assim como em muitos países em desenvolvimento, enfrenta desafios específicos, mas também tem demonstrado avanços significativos e promissores na área da oncologia. A imunoterapia, que utiliza o sistema imunológico do paciente para combater o câncer, representa uma mudança de paradigma no tratamento da doença, oferecendo novas esperanças para pacientes com tipos de câncer anteriormente considerados difíceis de tratar.

Pesquisa e Desenvolvimento

No Brasil, a pesquisa em imunoterapia é conduzida tanto em instituições públicas quanto privadas, com destaque para universidades e centros de pesquisa que colaboram em estudos internacionais e desenvolvem projetos nacionais. A colaboração internacional é um ponto chave, permitindo o acesso a conhecimentos, técnicas e terapias inovadoras. Além disso, o Brasil tem uma comunidade científica ativa na publicação de estudos sobre imunoterapia, contribuindo para o avanço global do conhecimento na área.

Acesso e Regulação

A Agência Nacional de Vigilância Sanitária (ANVISA) é o órgão responsável pela regulamentação e aprovação de novos tratamentos, incluindo terapias de imunoterapia, no Brasil. Nos últimos anos, a ANVISA aprovou o uso de várias terapias de imunoterapia para diferentes tipos de câncer, o que representa um passo importante para o acesso dos pacientes a tratamentos mais modernos e eficazes..

No entanto, o acesso à imunoterapia no Brasil ainda é limitado por vários fatores. O custo elevado dos medicamentos é um dos principais obstáculos, tornando-os muitas vezes inacessíveis para uma grande parte da população, especialmente aqueles que dependem exclusivamente do Sistema Único de Saúde (SUS). Embora o SUS ofereça alguns tratamentos de imunoterapia, a lista de medicamentos disponíveis é limitada, e os critérios para elegibilidade podem ser restritos.

Apesar desta aprovação a alguns medicamentos imunoterápicos para pacientes da Rede Pública, o grande entrave é que os valores repassados aos hospitais e instituições que oferecem o serviço oncológico aos pacientes estão muito aquém do que seria gasto para os pacientes que realmente precisam; para se ter uma ideia, o valor repassado corresponde ao tratamento de um único paciente a cada dez; ou seja: nunca os valores repassados cobrem o tratamento para dez pacientes com a mesma enfermidade. Isto é algo que precisa ser revisto urgentemente pelas agências governamentais.

Desafios e Perspectivas

Um dos grandes desafios para a expansão do acesso à imunoterapia no Brasil é o financiamento. Investimentos em saúde são necessários para a compra de medicamentos de alto custo e para a infraestrutura necessária para administrar tais tratamentos, incluindo a formação de profissionais de saúde qualificados para lidar com as especificidades da imunoterapia.

Apesar desses desafios, o Brasil tem feito progressos na adoção e no desenvolvimento da imunoterapia como uma opção de tratamento para o câncer. Iniciativas de pesquisa e desenvolvimento continuam a crescer, e há uma conscientização crescente sobre a importância de tornar esses tratamentos mais acessíveis à população.

Em resumo, o desenvolvimento da imunoterapia no Brasil está em curso, com avanços significativos na pesquisa e no tratamento de pacientes com câncer. No entanto, ainda há desafios a serem superados, especialmente no que diz respeito ao acesso e ao custo dos tratamentos. A colaboração entre o setor público, privado e organizações não governamentais, juntamente com políticas de saúde inovadoras, será crucial para superar esses obstáculos e garantir que os benefícios da imunoterapia possam ser acessados por todos os brasileiros que dela necessitam.

6.2 Convivendo com o Câncer:

Além dos avanços científicos, a luta contra o câncer é também uma jornada humana de resiliência e esperança. As histórias de sobreviventes de câncer são testemunhos poderosos da capacidade humana de enfrentar adversidades. Essas narrativas, muitas vezes marcadas por desafios e triunfos, desempenham um papel crucial na mudança do estigma associado ao câncer.

A Jornada de um Guerreiro: Sobrevivendo ao Câncer Contra Todas as Probabilidades

No começo de 2015, uma rotina de exames laboratoriais trouxe à tona a sombra que mudaria a vida de um indivíduo para sempre. Marcadores tumorais, especificamente o PSA e o CEA, indicadores silenciosos da tempestade que se aproximava, foram coletados, mas, por um erro quase fatal, seus resultados alarmantes só vieram à luz em julho daquele ano. Esse atraso, que poderia ter custado uma vida, foi apenas o começo de uma batalha árdua contra um adversário formidável: o adenocarcinoma colorretal.

Em outubro de 2015, após uma colonoscopia, o diagnóstico foi confirmado, trazendo consigo uma mistura de medo, incerteza e a determinação de lutar. A batalha tomou um rumo decisivo em 16 de dezembro de 2015, quando uma operação meticulosa não apenas removeu o adenocarcinoma colorretal, mas também abordou pontos de metástase no fígado, marcando o início de uma longa estrada para a recuperação. A colocação de uma bolsa de colostomia foi um lembrete constante da luta, incômodo, trocas diárias, vazamentos no trabalho, dores, angústia, medo, sustos, mas também um símbolo de sobrevivência e de que aquela luta não era sozinho, pois uma esposa dedicada, carinhosa, resiliente, religiosa, tirava forças de não sei onde para mostrar que estaria ao meu lado como sempre, mesmo sabendo que tudo poderia acabar de um dia para outro.

O ano de 2016 foi marcado por 12 ciclos de quimioterapia, cada um trazendo consigo seu próprio conjunto de desafios e triunfos. A jornada foi árdua, marcada por momentos de desespero, mas também de esperança. O carregar junto com a bolsa de colostomia a bolsa de quimioterapia 3 dias na semana a cada 15 dias, parecia ser uma carga pesada demais; chorar exatamente as 18 horas de todos os dias virou rotina; tomar banho com as duas bolsas: colostomia e quimioterapia; deitar com abdômen para cima num sono perturbador parecia que não ia acabar nunca. A força interior, a fé e o apoio da família, esposa e filho foram pilares que sustentaram a coragem e a determinação de seguir em frente. Não era possível que isto iria durar para sempre;

certamente algum dia iria sorrir novamente.

A retirada da bolsa de ostomia foi um marco significativo na jornada, um passo em direção à normalidade e à recuperação plena. No entanto, a batalha contra o câncer não termina com o fim dos tratamentos. Exames regulares e consultas tornaram-se parte da nova rotina, um lembrete constante da batalha travada e da vigilância necessária para manter a doença à distância.

Depois tudo isto, surgiu uma vontade louca de aprender e estudar. Estudar cada vez mais, sobre o câncer, fotografia, arte, pintura e animação digital; criar, escrever, lançar livros, fazer mídias. Tudo isto levando a um foco principal: levar ajuda, orientação, força a outros pacientes. Acredito que depois de todos estes anos estou conseguindo realizar; acredito piamente que não tem sentido viver, se não for para fazer a diferença na vida de alguém, não importando onde este alguém esteja. Duas frases de Madre Teresa de Calcutá me marcaram e serviram como objetivo de vida: **"As mãos que ajudam são mais sagradas que os lábios que rezam", "Não devemos permitir que alguém saia da nossa presença sem se sentir melhor e mais feliz".**

Hoje, os exames indicam a cura completa, uma palavra carregada de alívio, gratidão e uma sensação de renascimento. No entanto, a experiência de ter enfrentado o câncer deixa marcas indeléveis, não apenas físicas, mas também emocionais e psicológicas. A doença, embora afastada, deixa um sussurro persistente no fundo da mente, um lembrete para nunca baixar a guarda, para viver a vida plenamente, mas com cautela.

Esta história é mais do que uma narrativa de sobrevivência; é um testemunho da resiliência humana, da capacidade de enfrentar o inimaginável e emergir não apenas intacto, mas transformado. É uma lembrança de que, mesmo nas sombras mais escuras, a luz da esperança nunca se extingue. É uma celebração da vida, da força e da determinação de um indivíduo que, contra todas as probabilidades, escolheu lutar e venceu.

A sociedade está começando a ver o câncer não como uma sentença de morte, mas como uma doença com a qual é possível conviver e, em muitos casos, superar. O apoio comunitário, a conscientização e a educação têm sido fundamentais para essa mudança de perspectiva. Ao compartilhar suas histórias, os sobreviventes de câncer inspiram outros a enfrentar a doença com coragem e otimismo.

O capítulo "Além da Cura" oferece uma visão abrangente dos avanços na pesquisa do câncer e das experiências humanas associadas à doença. Os progressos na imunoterapia e na medicina personalizada estão abrindo novos caminhos para tratamentos mais eficazes e menos invasivos. Paralelamente, as histórias de sobreviventes de câncer estão redefinindo a experiência de viver com a doença, substituindo o medo e o estigma por esperança e resiliência.

Juntos, esses avanços científicos e humanos estão forjando um futuro no qual o câncer pode ser não apenas tratável, mas também uma experiência pela qual as pessoas podem passar com força e dignidade.

Um momento de Reflexão: A Dualidade da Existência

A existência humana é repleta de dualidades: luz e sombra, alegria e tristeza, vida e morte. Essas dualidades não são apenas contrastes; elas são complementares, moldando nossa compreensão do mundo e de nós mesmos. Este epílogo busca explorar a essência dessas dualidades, refletindo sobre como elas nos definem e o que podem nos ensinar sobre o propósito e o significado da vida.

A experiência humana é profundamente marcada pela alternância entre a luz e a sombra. A luz representa o conhecimento, a clareza e a esperança, enquanto a sombra simboliza o desconhecido, os desafios e os medos. Essa dualidade é essencial para o crescimento pessoal, pois é na escuridão que frequentemente encontramos a luz que procuramos. A sombra, portanto, não deve ser evitada, mas compreendida como parte integrante da jornada em busca de iluminação.

A capacidade de sentir alegria e tristeza é um dos aspectos mais marcantes da condição humana. Essas emoções são inseparáveis e uma não pode existir sem a outra. A tristeza nos torna mais empáticos e compreensivos, enquanto a alegria nos dá força e esperança. Reconhecer essa dualidade emocional nos permite abraçar plenamente a vida, com todas as suas alturas e baixas, e encontrar beleza na impermanência de nossas experiências.

A dualidade mais fundamental e inescapável é a da vida e da morte. A consciência da mortalidade é o que dá valor e urgência à vida. A morte não é apenas um fim, mas um lembrete da importância de viver com propósito e significado. Ao aceitar a morte como parte da existência, podemos viver mais plenamente, apreciando cada momento e deixando um legado duradouro.

O amor é, talvez, a força mais poderosa na vida humana, e com ele vem a inevitabilidade da perda. Essa dualidade é o coração da experiência humana, impulsionando-nos a formar conexões profundas, apesar do risco de dor. O amor nos eleva, enquanto a perda nos ensina sobre resiliência e a capacidade de encontrar esperança na dor. Aceitar essa dualidade é aceitar a plenitude da vida.

A dualidade da existência é uma fonte de riqueza e complexidade na vida humana. Em vez de buscar eliminar ou evitar um dos polos dessas dualidades, podemos aspirar a entender e abraçar ambos. É nesse equilíbrio e aceitação que encontramos a verdadeira sabedoria e paz. A dualidade não é uma batalha a ser vencida, mas um equilíbrio a ser alcançado e mantido. Ao abraçar as diversas facetas da existência, podemos viver vidas mais ricas, mais profundas e mais significativas.

A dualidade da existência nos desafia a encontrar equilíbrio e significado em um mundo de contrastes. Ao refletir sobre essas dualidades, podemos começar a ver que elas não são obstáculos, mas sim caminhos para uma compreensão mais profunda da vida. A verdadeira sabedoria reside em abraçar toda a gama da experiência humana, reconhecendo que cada aspecto da dualidade tem algo valioso a nos ensinar sobre quem somos e o propósito de nossa jornada.

Em um universo de contrastes tão marcantes, onde a luz e a sombra dançam em um eterno balé, a dualidade da existência se revela em cada aspecto de nossas vidas. Esta dualidade, tão intrínseca à condição humana, encontra uma de suas expressões mais profundas e desafiadoras no fenômeno do câncer - essa força implacável que, indiferente a qualquer distinção humana, pode tocar a vida de qualquer um, em qualquer momento.

O câncer, em sua essência, é um lembrete da fragilidade da vida e da inevitabilidade da morte, aspectos que todos nós compartilhamos, independentemente de raça, cor, idade, condição socioeconômica, gênero ou espiritualidade. Ele nos confronta com a realidade de que, apesar de nossas diferenças, somos unidos por vulnerabilidades comuns. No entanto, essa mesma vulnerabilidade nos oferece uma oportunidade única de reflexão e transformação.

Diante da imprevisibilidade do câncer, surge a questão: como podemos viver nossas vidas de maneira mais plena e consciente? A resposta, embora multifacetada, encontra-se na maneira como escolhemos responder à dualidade da existência. Reconhecendo que, embora não possamos controlar todos os aspectos de nossa saúde, temos o poder de influenciar significativamente nosso bem-estar através das escolhas que fazemos diariamente.

A adoção de uma alimentação saudável, a prática regular de exercícios físicos, o cultivo de um equilíbrio mental e espiritual são mais do que simples medidas preventivas; são atos de afirmação da vida. Cada escolha consciente que fazemos em favor de nossa saúde é um passo em direção a uma existência mais plena e equilibrada, um reconhecimento da preciosa dualidade da vida.

Contudo, é importante reconhecer que mudar nossos hábitos e escolhas não é uma garantia de imunidade contra o câncer ou qualquer outra doença. A vida, em sua complexidade, não oferece promessas de certezas. No entanto, ao nos comprometermos com a busca por um equilíbrio saudável em nossas vidas, estamos não apenas diminuindo as estatísticas, mas também celebrando a preciosidade de cada momento, abraçando a dualidade da existência com coragem e esperança.

A dualidade da existência, portanto, não reside apenas na coexistência do bem e do mal, da saúde e da doença, mas também na capacidade humana de enfrentar a adversidade com resiliência, de encontrar beleza e significado mesmo nos momentos mais desafiadores. É um convite para vivermos de forma mais consciente, apreciando a beleza inerente à vida e a força que surge ao reconhecermos e aceitarmos as suas inúmeras dualidades

Lembre-se!

"Descobrir precocemente qualquer tipo de câncer, significa: iniciar tratamento mais rapidamente e maiores chances de cura."

Apêndice: Recursos e Apoio para Informações sobre Câncer

Este apêndice é dedicado a fornecer uma lista abrangente de recursos para indivíduos que buscam mais informações ou apoio relacionado ao câncer. Seja você um paciente, familiar, amigo, ou simplesmente alguém interessado em aprender mais sobre esta condição, os recursos a seguir podem oferecer o suporte e a informação necessária.

Organizações de Pesquisa e Informação sobre Câncer

1.Instituto Nacional de Câncer (INCA) - O INCA é uma referência no Brasil para informações, pesquisa e desenvolvimento de políticas públicas de prevenção e tratamento do câncer. https://www.inca.gov.br/

2.American Cancer Society (ACS) - Uma organização americana dedicada a eliminar o câncer como um problema de saúde maior por meio de pesquisa, prevenção, educação, e apoio aos pacientes. https://www.cancer.org/

3.World Cancer Research Fund International (WCRF International) - Uma rede de organizações de câncer focada em pesquisa e orientações sobre a prevenção do câncer através da dieta, peso corporal e atividade física. https://www.wcrf.org/

4.Cancer Research UK - A maior organização de pesquisa sobre câncer no mundo, fornecendo informações sobre tipos de câncer, diagnósticos e tratamentos. https://www.cancerresearchuk.org/

5.Grupo Brasileiro de Tumores Ginecológicos (EVA) - Oferece apoio a mulheres com câncer ginecológico, promovendo conscientização e informação. https://www.eva.org.br/

6.Cancer Support Community - Uma organização global que oferece uma variedade de serviços de apoio gratuitos para pacientes de câncer e suas famílias. https://www.cancersupportcommunity.org/

7.St. Jude Children's Research Hospital - Focado em pediatria, oferece tratamento, educação e apoio para crianças com câncer e suas famílias, sem custo para os pacientes. https://www.stjude.org/

8.Oncolink - Fornecido pela Universidade da Pensilvânia, oferece informações abrangentes sobre tipos de câncer, tratamentos, e questões de suporte. https://www.oncolink.org/

9.Cancer.Net - Oferecido pela American Society of Clinical Oncology (ASCO), fornece informações sobre o câncer, tratamentos, e apoio baseado em evidências. https://www.cancer.net/

10.TED Talks sobre Câncer - Uma coleção de palestras inspiradoras e informativas por cientistas, médicos, sobreviventes, e ativistas sobre vários aspectos do câncer. https://www.ted.com/topics/cancer

11.Contato Câncer - INCA - Contato pelo INCA para responder perguntas e oferecer apoio sobre o câncer.

Disponível no Brasil. https://www.gov.br/inca/pt-br

12.National Cancer Information Center - Oferecido pela American Cancer Society, disponibiliza especialistas em câncer para responder perguntas 24/7. Nos EUA, ligue para 1-800-227-2345.

13.Instituto Vencer o Câncer - https://vencerocancer.org.br/

14.Fundação do Câncer - https://www.cancer.org.br/

15.Instituto Nacional de Câncer - https://www.gov.br/inca/pt-br

16.Câncer Center - https://www.gov.br/inca/pt-br

17.Centro de Oncologia e Hematologia Einstein - https://www.einstein.br/especialidades/oncologia/conheca-oncologia-einstein

18.Sociedade Americana de Oncologia Clínica - https://www.asco.org/

19.Johns Hopkins Medicine https://www.hopkinsmedicine.org/international/portugues/conditions-treatments/cancer/

20.Mayo Clinic Health Systen https://www.mayoclinichealthsystem.org/services-and-treatments/oncology

O caminho através do câncer é desafiador, mas ninguém precisa percorrê-lo sozinho. Estes recursos oferecem uma rica fonte de informação, apoio e comunidade. Seja buscando conhecimento, conforto ou um sentido de pertencimento, esperamos que encontre o que precisa nestas organizações, plataformas e grupos de apoio.

Lembre-se, a informação é uma poderosa ferramenta de prevenção e luta contra o câncer. Encorajamos a todos que busquem conhecimento, façam perguntas e, mais importante, apoiem-se mutuamente na jornada para a saúde e bem-estar.

Glossário de Termos Técnicos e Médicos sobre Câncer

Este glossário é compilado para ajudar os leitores a entenderem melhor os termos técnicos e médicos frequentemente utilizados em discussões sobre câncer. A compreensão desses termos é essencial para aprofundar o conhecimento sobre esta complexa doença e suas múltiplas facetas.

1.**Adenocarcinoma:** Tipo de câncer que se forma em tecidos glandulares, como os encontrados no revestimento interno de órgãos como pulmões, mamas, pâncreas e cólon.

2.**Angiogênese:** Processo de formação de novos vasos sanguíneos. No contexto do câncer, refere-se ao crescimento de novos vasos sanguíneos que alimentam tumores.

3.**Biópsia:** Procedimento diagnóstico que envolve a remoção de uma pequena quantidade de tecido para exame sob um microscópio. É usado para determinar a presença de células cancerígenas.

4.**Carcinogênese:** O processo pelo qual células normais se transformam em células cancerígenas.

5.**Carcinoma:** Um tipo de câncer que começa na pele ou nos tecidos que revestem ou cobrem os órgãos internos.

6.**Ciclo celular:** A série de fases pela qual uma célula passa, culminando em sua divisão e replicação. Alterações no ciclo celular são frequentes em células cancerígenas.

7.**Crioterapia:** Tratamento que usa temperaturas extremamente baixas para destruir tecido anormal, geralmente células cancerígenas.

8.**Hematologia:** Ramo da medicina que trata de doenças do sangue e dos órgãos que produzem o sangue, incluindo alguns tipos de câncer, como leucemia e linfoma.

9.**Imunoterapia:** Tratamento que utiliza o sistema imunológico do corpo para combater o câncer, estimulando as defesas naturais do corpo para reconhecer e destruir células cancerígenas.

10.**Metástase:** O processo pelo qual o câncer se espalha de onde começou para outra parte do corpo. As células cancerígenas se desprendem do tumor original e viajam pelo sistema linfático ou sanguíneo para formar novos tumores em outros órgãos.

11.**Neoplasia:** Crescimento anormal de tecido, resultante da divisão celular descontrolada, que pode ser benigna (não cancerígena) ou maligna (cancerígena).

12.**Oncogene:** Gene que tem o potencial de transformar uma célula normal em uma célula cancerígena. Mutações ou expressão anormal de oncogenes podem levar ao desenvolvimento de câncer.

13.**Paliativo:** Tratamento destinado a aliviar os sintomas e melhorar a qualidade de vida, mas não a curar a doença. Muitas vezes usado em contextos de doenças avançadas ou terminais.

14.**Radioterapia:** Tratamento que usa radiação de alta energia para matar células cancerígenas ou diminuir tumores.

15.**Remissão:** Diminuição ou desaparecimento dos sinais e sintomas do câncer. A remissão pode ser parcial ou completa.

16.**Tumor:** Massa anormal de tecido que resulta quando as células se dividem mais do que deveriam ou não morrem quando deveriam. Os tumores podem ser benignos (não cancerígenos) ou malignos (cancerígenos).

17.**Quimioterapia:** Tratamento que utiliza medicamentos para matar células cancerígenas, geralmente impedindo as células de crescer e se dividir.

18.**Glossário Completo:** https://cccancer.net/o-cancer/termos-de-a-a-z/

Referências

Dados Estatísticos sobre Câncer

1.Organização Mundial da Saúde (OMS): A OMS fornece dados globais sobre incidência, mortalidade e prevalência de câncer, além de orientações sobre prevenção e tratamento.

2.Instituto Nacional de Câncer (INCA): No Brasil, o INCA é uma referência importante para estatísticas nacionais, pesquisas e diretrizes sobre câncer.

3.Centros de Controle e Prevenção de Doenças (CDC): Nos Estados Unidos, o CDC oferece informações sobre a incidência de câncer, mortalidade e programas de prevenção.

4.Sociedade Americana de Câncer (ACS): A ACS fornece recursos educacionais, diretrizes para detecção precoce e estatísticas sobre câncer.

5.Cancer Research UK: No Reino Unido, essa organização oferece dados detalhados sobre tipos de câncer, pesquisa e estatísticas.

6.Global Cancer Observatory - https://gco.iarc.fr/en

Para informações atualizadas e específicas, recomendo visitar os sites dessas organizações:

•OMS: https://www.who.int/

•INCA: https://www.inca.gov.br/

•CDC: https://www.cdc.gov/

•ACS: https://www.cancer.org/

•GCO: https://gco.iarc.fr/en

•Cancer Research UK: https://www.cancerresearchuk.org/

Esses sites são recursos valiosos para pesquisar dados estatísticos, orientações sobre prevenção, opções de tratamento e estratégias para detecção precoce de diversos tipos de câncer

1.História e Evolução do Entendimento do Câncer

•Mukherjee, Siddhartha. O Imperador de Todos os Males: Uma Biografia do Câncer. Editora Companhia das Letras, 2012. Uma obra abrangente que traça a história do câncer, desde suas primeiras documentações até os avanços modernos no tratamento e compreensão da doença.

•Thakur, A. K., et al. "History of the Evolution of Cancer Treatment: From Ancient Egypt to Precision Oncology." Cancer Biology & Medicine,

Este artigo fornece um panorama histórico do tratamento do câncer, destacando os avanços significativos ao longo dos séculos.

2.Tipos de Câncer e Sua Biologia

•National Cancer Institute. "Types of Cancer." cancer.gov/types. Um recurso completo que descreve os diferentes tipos de câncer, suas características e tratamentos.

•Hanahan, Douglas, and Robert Weinberg. "The Hallmarks of Cancer." Este artigo seminal introduz e detalha as características fundamentais que distinguem as células cancerígenas das normais.

3.Tratamentos e Avanços Tecnológicos

•World Health Organization. https://www.who.int/health-topics/cancer#tab=tab_1

•Sharma, P., & Allison, J. P. "The Future of Immune Checkpoint Therapy." . Discussão sobre o futuro da imunoterapia, uma abordagem inovadora no tratamento do câncer.

4.Dados Estatísticos e Epidemiologia

•Global Cancer Observatory. "Cancer Today." gco.iarc.fr/today. Uma plataforma interativa fornecida pela Agência Internacional de Pesquisa sobre Câncer (IARC) da OMS, oferecendo dados atualizados sobre incidência, mortalidade e prevalência de câncer globalmente.

•American Cancer Society. "Cancer Prevention & Early Detection Facts & Figures 2023."

5- A Dualidade da Existência

Henry Bergson, Platão, Sócrates, Thomas Hyde

Resiliência é superar, renascer:

No espectro da experiência humana, existem desafios que transcendem fronteiras, que não discriminam, que tocam a vida de todos, independentemente de idade, gênero, cor da pele ou condição socioeconômica. Uma dessas provações é o câncer, em suas muitas formas, um adversário que nos iguala na vulnerabilidade, na luta, na esperança e na resiliência. A todos que enfrentam essa batalha diária, onde cada dia apresenta um novo obstáculo, alternando momentos de alegria e tristeza, cercados por incertezas, medos e angústias, mas também marcados por vitórias, quero oferecer uma mensagem de reflexão, incentivo e profundo respeito.

A vocês, guerreiros da vida, que dia após dia enfrentam o desconhecido, que se levantam mesmo quando o corpo e a alma pedem para descansar, saibam que cada passo que vocês dão é uma conquista. Cada sorriso que brota em meio à dor é uma rebelião contra a adversidade. Cada lágrima derramada carrega a força da vulnerabilidade e da humanidade. Vocês são a prova viva de que, mesmo nas circunstâncias mais desafiadoras, o espírito humano é capaz de florescer.

Para as famílias e amigos que caminham ao lado desses valentes, saibam que seu apoio é o vento sob as asas de quem luta. Suas mãos estendidas, suas palavras de encorajamento, sua presença silenciosa, tudo isso é um farol de esperança e amor incondicional. Vocês são os pilares invisíveis que sustentam a jornada, transformando o caminho em algo menos árduo.

A todos vocês, quero dizer: não desistam. A jornada pode ser longa, o caminho pode ser íngreme, mas dentro de cada um de vocês há uma força inabalável, uma luz que não se apaga. Permitam-se vivenciar cada emoção, permitam-se descansar quando necessário, mas sempre se lembrem de que cada novo amanhecer traz consigo a promessa de novas possibilidades.

Que vocês possam encontrar beleza nos momentos mais simples, força na união e esperança no progresso que a cada dia se desenha no horizonte da medicina e da ciência. Lembrem-se de que, mesmo nas noites mais escuras, existem estrelas brilhando, guiando o caminho para dias melhores.

Vocês não estão sozinhos nesta jornada. A bravura de vocês inspira, a determinação de vocês motiva, e a esperança de vocês ilumina o caminho para todos nós. Que cada pequena vitória seja celebrada, que cada desafio seja enfrentado com coragem, e que, juntos, possamos caminhar em direção a um futuro onde a dor de hoje se transforme na força de amanhã.

www.ingramcontent.com/pod-product-compliance
Lightning Source LLC
LaVergne TN
LVHW040920150826
845672LV00007B/2133

* 9 7 8 6 5 0 0 9 8 4 7 6 7 *